工程训练练习册
(第二版)

学院：____________________

班级：____________________

姓名：____________________

学号：____________________

成绩：____________________

_________年______月_______日

普通高等院校工程实践系列教材

工程训练练习册

(第二版)

主　编　刘元义　田立超
副主编　刘江臣　牛国栋　姜运生
　　　　李家鹏　王洪博
主　审　朱瑞富

科学出版社
北　京

内 容 简 介

本书是根据教育部颁布的普通高等学校工程材料及机械制造基础系列课程“机械制造实习”教学基本要求，结合《工程训练》（第二版）教材内容编写的，与《工程训练》（第二版）教材配套使用。

全书在内容编排上根据基本、必须的原则，按照各训练项目的时间和要求进行分类，满足不同学生训练的需要；在题目选取上尽量做到内容具有代表性，形式具有多样性，适当编入了一些综合性、创新性和研讨性题目，以提高学生分析问题和解决问题的能力。

本书主要作为高等学校和高职技术院校各专业工程训练实践教材，同时也可供机械制造行业技术培训或相关从业人员参考。

图书在版编目(CIP)数据

工程训练练习册 / 刘元义，田立超主编. —2 版. —北京：科学出版社，2021.2

普通高等院校工程实践系列教材

ISBN 978-7-03-068032-7

Ⅰ. ①工… Ⅱ. ①刘… ②田… Ⅲ. ①机械制造工艺－高等学校－习题集 Ⅳ. ①TH16-44

中国版本图书馆 CIP 数据核字（2021）第 021241 号

责任编辑：邓 静 张丽花 / 责任校对：邹慧卿
责任印制：张 伟 / 封面设计：迷底书装

科 学 出 版 社 出版
北京东黄城根北街 16 号
邮政编码：100717
http://www.sciencep.com
北京厚诚则铭印刷科技有限公司 印刷
科学出版社发行 各地新华书店经销
*
2016 年 1 月第 一 版 开本：787×1092 1/16
2021 年 2 月第 二 版 印张：3
2023 年 8 月第十三次印刷 字数：71 000

定价：19.80 元

（如有印装质量问题，我社负责调换）

前　　言

随着科学技术的迅猛发展，各高等院校不断强化学生工程意识和创新意识的培养，而工程训练作为促进学生工程素质养成和创新意识培养的重要环节，越来越受到重视。为了保证工程训练的效果，我们编写了此书。

本书紧密结合工程实际和工程训练的内容，根据基本、必须的原则，在题目选取上尽量做到内容具有代表性，形式具有多样性，适当编入综合性、创新性题目，并按照训练项目的训练课时和训练要求进行了分类，对两周实习的学生要求完成基本内容，对三周以上实习的学生要求完成某些综合性提高的题目(书中带★的题)，以满足不同学生训练的要求。

本书由山东理工大学工程训练中心组织编写，由刘元义、田立超担任主编，刘江臣、牛国栋、姜运生、李家鹏、王洪博担任副主编，由山东大学朱瑞富教授主审。

全书共 20 个单元。刘元义编写第 1～8、15、17 单元，牛国栋编写第 9、10、13 单元，刘江臣编写第 11、14、19、20 单元，王洪博编写第 12 单元，李家鹏编写第 16 单元，刘明哲编写第 18 单元。全书由田立超和姜运生负责统稿。

在编写过程中得到了山东理工大学工程训练中心李文森、王好臣、付莉华、刘锋、李生、国芹、朱修宇、韩博、陈晔、于欣叶、田晨、都风斌、孙荣镇、孙凯、张文兴、徐光龙、翟丽丽、佟建州、张全茹、解传亮、滕玉立、李瑶、崔伟、郭亚哲等教师的大力支持，在此表示衷心感谢。

由于编者水平所限，书中难免有不足之处，恳请读者批评指正。

作　者

2020 年 10 月

目　　录

第 1 单元　金属材料及热处理

一、填空题

1. 金属材料的力学性能指标主要有______________、______________、______________、______________和____________。

2. 钢铁材料实质上是以铁为基体的____________，按碳的质量分数不同分为____________两类。一般碳的质量分数____________为钢，____________为铸铁。

3. 钢的普通热处理包括______________、______________、______________和______________。

4. 正火的作用与退火类似，但正火时的冷却速度稍快，形成____________________。

5. 回火是______________，保温后冷却到室温的热处理工艺。

6. 碳素钢的室温平衡组织是______________，其塑性较低，变形困难。

7. ____________________________的复合热处理工艺称为调质处理。

二、选择题

1. 珠光体碳的质量分数为(　　)。

A. 4.3%　　B. 0.77%　　C. 6.69%　　D. 2.11%

2. 制造机床主轴的典型钢材为(　　)。

A. GCr15　　B. Q345A　　C. 40Cr　　D. 60Si2Mn

3. 为了提高低碳钢工件的切削性能，应采用(　　)。

A. 正火　　B. 退火　　C. 淬火+中温回火　　D. 淬火+高温回火

4. 建筑工程用螺纹钢筋的典型钢种是(　　)。

A. 20MnTi　　B. T12　　C. 08F　　D. GCr15

5. 制造锉刀、手用锯条应选用的钢材为(　　)。

A. W18Cr4V　　B. 65 钢　　C. Q235　　D. T12

6. 制造健身用拉力器应选用(　　)。

A. 60Si2Mn　　B. Q345A　　C. GCr15　　D. 40Cr

7. 健身用拉力器经回火处理后的硬度为(　　)。

A. 45～55HRC　　B. 40～45HRC　　C. 23～28HRC　　D. 55～60HRC

三、判断题(正确的填入“√”，错误的填入“×”)

(　)1. 随着温度的降低，变态莱氏体的碳的质量分数也随之变化。

(　)2. 淬火冷却介质的选用，一般情况下碳素钢用水，合金钢用油。

(　)3. 任何金属材料通过淬火处理都能达到硬而耐磨的目的。

(　)4. 顾名思义，可锻铸铁件就是经过加热锻造成型的。

(　)5. Q345 为球墨铸铁材料。

(　)6. 教室内的暖气管道是由焊接钢管制成的。

(　)7. 有色金属、灰铸铁均适宜用布氏硬度计测定硬度。

(　)8. 低碳钢容易“淬上火”。

四、问答题

1. 在实习工种教室和热处理车间使用的加热炉有哪几种？请填入表 1-1。

表 1-1　加热炉种类

序号	电炉名称	型号	最高温度	主要构成	主要适用场合
1					
2					
3					
4					
5					

2. 将在实习中做过的几种热处理工艺方法与测试结果按要求填入表 1-2。

表 1-2　热处理工艺方法与测试结果

工件材料	热处理要求	热处理方法	加热温度	保温时间	冷却方式	测试结果

★3. 淬火、退火、正火、回火有什么不同(从加热温度、冷却方式、作用等方面回答)？

★4. 什么是表面热处理？表面淬火的目的是什么？常用的表面淬火方法有哪几种？

★5. 什么钢需要调质处理？调质处理的作用是什么？

★6. 写出 45 钢退火、正火、淬火、回火(高温、中温、低温)前后的金相组织。

成绩		评阅人		年　月　日

第 2 单元　铸造

一、填空题

1. 砂型铸造的铸型所用的造型材料通常由____________、___________、___________及_________按一定比例混制而成，它应具备_________、__________、_________等基本性能。

2. 按制造模样和型芯盒所用材料的不同，可分为__________、__________和__________三类。

3. 手工造型方法按模型特征来分主要有__________、________、________、_________及_________等。

4. 造型过程中清除散砂应用吹风器(皮老虎)，不许_______________，同时要注意吹风的方向上有没有人，以防将砂粒吹入他人的______________。

5. 典型的浇注系统包括 _________、_________、_________、_________，其中与铸件直接相连的部分是________。

6. 常用的特种铸造方法有_________、_________、_________、_________、_______等。

二、判断题(正确的填入“√”，错误的填入“×”)

(　)1. 为了改善砂型的透气性，应在砂型的上下箱都扎通气孔。

(　)2. 型砂耐火度的高低，主要取决于黏结剂耐火度的高低。

(　)3. 横浇道除了向内浇道分配金属液外，主要起挡渣作用。

(　)4. 铸件的重要受力面、主要加工面浇注时应该朝下。

(　)5. 铸造圆角半径一般为转角处两壁平均厚度的 1/3。

(　)6. 当铸件上的孔腔需要用型芯铸出时，垂直安放的型芯要有上下芯头。

(　)7. 在浇注形状复杂的薄壁铸件时，浇注温度应高，浇注速度应慢。

(　)8. 金属型的浇注温度、浇注速度都应比浇注砂型高一些。

(　)9. 用压力铸造可以生产出双金属铸件。

(　)10. 用离心铸造生产空心旋转体铸件，不需要型芯和浇注系统。

三、选择题

1. 下列工件中适宜用铸造方法生产的是(　　)。

A. 车床进刀手轮　　B. 螺栓

C. 机床丝杠　　D. 自行车中轴

2. 大型型芯中放焦炭的目的之一是(　　)。

A. 增加强度　　B. 增加耐火性

C. 增加透气性　　D. 增加型芯的稳定性

3. 为提高合金的流动性，常采用的方法是(　　)。

A. 适当提高浇注温度　　B. 加大出气口

C. 降低出铁温度　　D. 延长浇注时间

4. 挖砂造型时，挖砂深度应达到(　　)。

A. 模样的最大截面处　　B. 模样的最大截面以下

C. 模样的最大截面以上　　D. 任意选择

5. 制造模样时，模样的尺寸应比零件大一个(　　)。

A. 铸件材料的收缩量

B. 机械加工余量

C. 铸件材料的收缩量＋模样材料的收缩量

D. 铸件材料的收缩量＋机械加工余量

6. 舂砂时，上下砂箱的型砂紧实度应该(　　)。

A. 均匀一致　　B. 上箱比下箱紧实度要大

C. 下箱比上箱紧实度要大　　D. 由操作者自定

7. 砂型强度低时，除会造成修型、塌箱外，还会使铸件产生(　　)。

A. 气孔　　B. 砂眼、夹砂

C. 表面黏砂　　D. 浇不足

8. 考虑到合金的流动性，设计铸件时应(　　)。

A. 加大铸造圆角　　B. 减小铸造圆角

C. 限制最大壁厚　　D. 限制最小壁厚

9. 分型砂的作用是(　　)。

A. 分开上砂箱与下砂箱　　B. 使分型面光洁

C. 上砂型与下砂型顺利分开　　D. 改善透气性

10. 制好的砂型，通常要在型腔表面涂上一层涂料，其目的是(　　)。

A. 防止黏砂　　B. 增加退让性

C. 改善透气性　　D. 防止气孔

四、问答题

1．什么是铸造？铸造生产有何特点？

2．冒口、冷铁的作用是什么？它们应设置在铸件的什么位置？

★3．试比较熔模铸造、金属型铸造、离心铸造、压力铸造的特点及各自的适用范围。

★五、综合题

如图 2-1 所示铸件，单件生产，各应采用何种造型方法？试确定最佳分型面并绘制铸造工艺图。

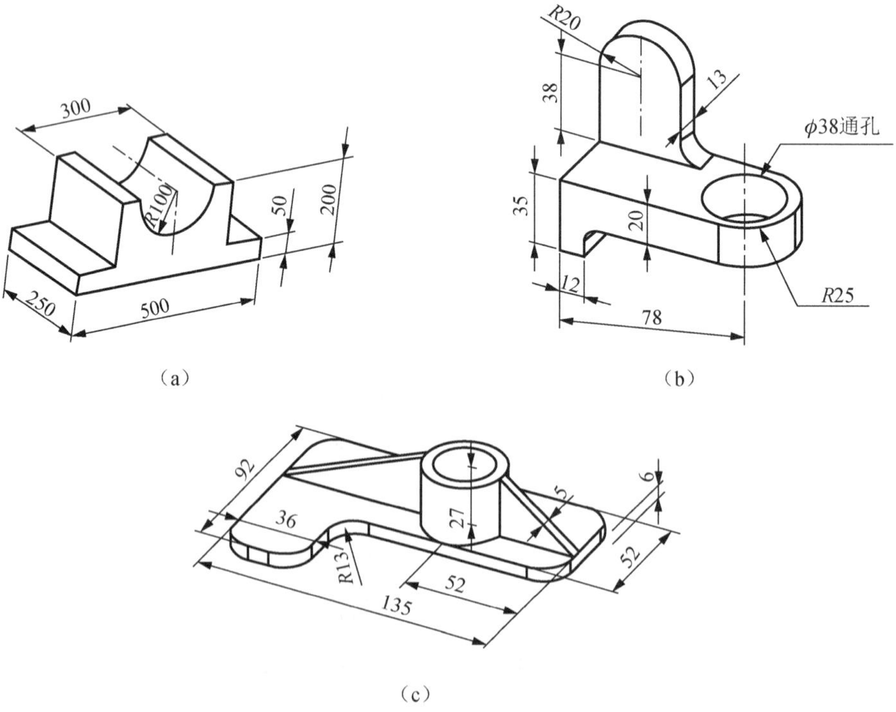

图 2-1　铸件

成绩		评阅人		年　月　日

第 3 单元　锻造

一、填空题

1．锻压一般可分为________和________两大类。

2．由于具有良好塑性的金属材料才能进行锻压，因此________、________和________等金属可以锻压，而________不能锻压。

3．锻造前金属要加热，其目的是提高________，降低________，使锻造时能省力并防止开裂。

4．自由锻的冷却方式有________、________和________三种。

5．空气锤的规格是用________________来表示。

二、选择题

1．被镦粗的坯料，不会产生镦弯现象，其高度与直径之比应是(　　)。

A. 2.5～3.0　　B. 3.0～3.5　　C. 3.5～4.0

2．碳素钢的中小型锻件，其锻后的冷却方式一般应是(　　)。

A. 炉冷　　B. 空冷　　C. 油冷

3．下列工件中，适合于自由锻的是(　　)，适合于板料冲压的是(　　)，适合于铸造的是(　　)。

A. 减速箱体　　B. 电气箱柜　　C. 车床主轴

4．锻件坯料加热次数越多，锻件质量(　　)。

A. 越好　　B. 越差　　C. 没有影响

5．始锻温度的确定，主要受金属在加热过程中不至于产生(　　)现象所限制。

A. 过热与过烧　　B. 脱碳　　C. 氧化　　D. 过软

6．制造壹元硬币的合理方法是(　　)。

A. 铸造　　B. 模锻　　C. 精冲　　D. 挤压

7．大、中批量生产及自动化生产条件下的锻件加热适宜选用(　　)。

A. 火焰加热　　B. 电阻炉　　C. 感应加热炉　　D. 接触加热

三、问答题

1. 何谓始锻温度和终锻温度？低碳钢和中碳钢的始锻温度和终锻温度范围各是多少？各呈现什么颜色？

2. 拔长时为什么要不断地翻转工件？

3. 试述空气锤的工件原理。

★4．在锻造车间，人们常说“黑铁烫人，红铁不烫人”，这是何意？

★5．在图 3-1 中空气锤的指引线外端填写各部分的名称。

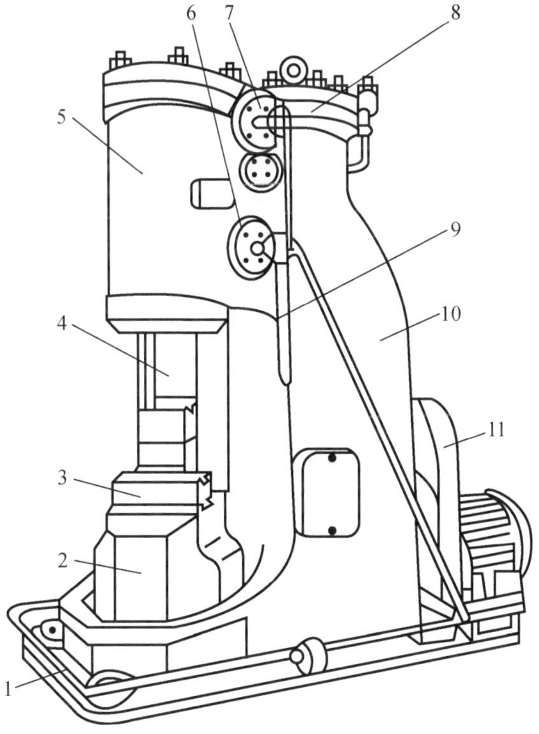

图 3-1　空气锤

成绩		评阅人		年　月　日

第 4 单元　冲压成型

一、填空题

1. 常用的冲压设备有__________、__________、___________和_____________等。

2. 剪床是将板料切成一定宽度的__________或___________，为冲压生产作准备。

3. ________是使坯料沿封闭轮廓分离的工序，包括___________和___________。

4. 翻边是将_________或_________翻成竖直边缘的冲压工序。

5. 胀形是利用局部变形使半成品部分________________的冲压成型工艺。可以采用_____________、____________、_______________或______________等。

二、问答题

1. 简述冲压模具是如何在冲压设备上正确安装的？

2. 将如图 4-1 所示冲压模具标出每个零件的名称，并简述其作用。

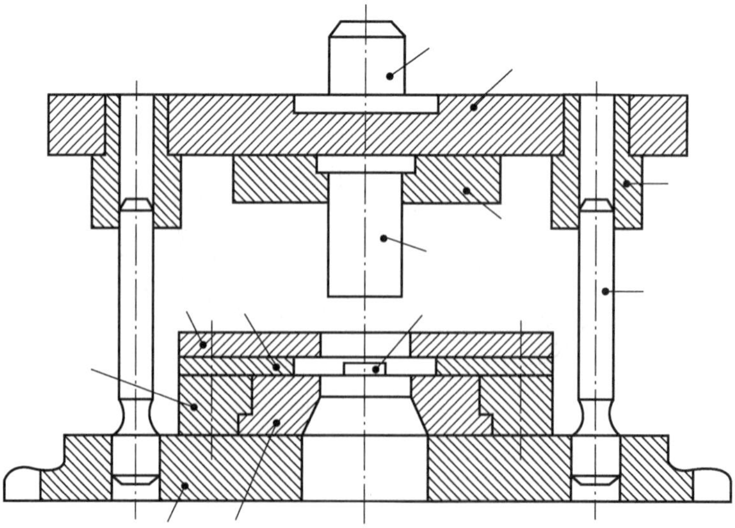

图 4-1　冲压模具

成绩		评阅人			年　月　日

第 5 单元　焊接

一、填空题

1．根据焊接过程的特点，可将焊接分为熔焊、__________和__________三大类。

2．在生产实践中，焊接最常用的是________、气焊(气割)、________和__________。

3．焊条电弧焊焊接系统主要由焊机(电源)、___________、___________、___________和_________组成。

4．电弧由阴极区、________和________三部分组成。

5．直流弧焊机焊接厚板时，一般采用___________；焊接薄板时一般采用___________；在使用碱性焊条时，采用直流反接。

6．酸性焊条适于一般的_________和相应强度等级的低合金钢的焊接；碱性焊条适用于_________及承受动载荷的低碳钢重要结构的焊接。

7．焊条电弧焊常用的接头形式有对接接头、_________、_________和_________。

8．引弧方法有__________________和__________________两种。

二、判断题(正确的填入"√"，错误的填入"×")

(　)1．点焊和缝焊都属于电弧焊。

(　)2．氧化焰由焰芯，内焰和外焰组成。

(　)3．气割存在的问题是切割材料只能是低碳钢、中碳钢和部分低合金钢。

(　)4．药皮传导焊接电流、产生电弧，熔化后同时作为覆盖金属的保护层。

(　)★5．氩弧焊主要适于焊接铝、镁、钛及合金、稀有金属、不锈钢、耐热钢等。

(　)★6．反复断弧法适于薄板或小电流焊接。

(　)★7．目前工业中最常用的氧气瓶规格是瓶体外径为ϕ219mm，瓶体高度为 1370±20mm、容积为 40L、工作压力为 15MPa，贮存常压下 6m^3 氧气。

(　)★8．在 15℃时，压力为 1.5MPa 时，乙炔在丙酮中的溶解度当为 375g/L，溶解乙炔瓶就是利用这一特性来储运乙炔的。

三、选择题

1．焊条焊芯的主要作用有(　　)。

A．传导电流　　B．金属填充　　C．芯骨支撑　　D．改善工艺性

2. 电弧主要由(　　)组成。

A. 阴极区　　B. 弧柱区　　C. 氧化区　　D. 阳极区

3. 焊接时焊条要同时完成的基本运动有(　　)。

A. 向熔池方向逐渐送进　　B. 沿焊接方向逐渐移动

C. 沿焊缝横向摆动　　D. 熄灭电弧收尾

4. 下面所说正确的是(　　)。

A. 氧气瓶应直立应用，若卧放时应使减压器处于最高位置

B. 乙炔瓶应直立使用，不得卧放

C. 焊枪的作用是用来控制气体混合比例、流量以及火焰结构

D. 割炬的作用是将可燃气体与氧气以一定的方式和比例混合后，形成具有一定热能和形状的预热火焰，并在预热火焰中心喷射切割氧进行切割

5. 气焊按氧气和乙炔气的不同比例，将氧乙炔焰分为(　　)。

A. 中性焰　　B. 碳化焰　　C. 氧化焰　　D. 混合焰

四、问答题

1. 按下列要求填写你实习所用的设备和材料。

(1) 电焊机型号：　　(6) 焊条型号：

(2) 初级电压：　　(7) 焊条牌号：

(3) 焊接方法：　　(8) 焊条直径：

(4) 空载电压：　　(9) 焊接电流：

(5) 电流调节范围：　　(10) 所焊材料名称：

2. 写出三种常见的焊接缺陷，并分析产生的原因及防止措施。

★3．简述焊条电弧焊主要操作过程。

★4．简述焊条的选用原则。

★5．写出图 5-1 气焊(气割)设备系统的主要组成部分及作用。

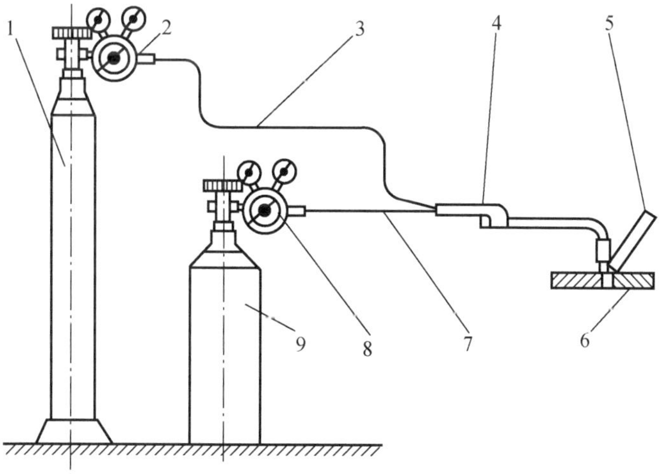

图 5-1　气焊(气割)设备系统

成绩		评阅人		年　月　日

第 6 单元　车削加工

一、填空题

1. 车削加工的范围很广，常用于加工带有回转表面的各种不同形状的零件，可加工各种内外圆柱面、__________、__________、__________、__________等，在车床上也可完成钻孔、_______、_________、__________等不属于车削加工的各种工序，在车床上加装其他附件和夹具，还可以进行滚压、_______、________、________、________、________等工作。

2. 车床加工的尺寸公差等级一般为___________，表面粗糙度值为___________。

3. 金属加工机床均用汉语拼音字母和数字，按一定的规律组合进行编号。如 C6130 车床编号中，其字母和数字的含义如下所示：C__________；6__________；1__________；30__________。

4. 普通车床主要的附件有卡盘、___________、___________、___________。

5. 常用的车刀刀头材质主要有______________和硬质合金两种。

6. 常用硬质合金有__________和__________两种。在一般情况下，___________适用于切削脆性材料(如铸铁等)，____________适用于切削塑性材料(如钢等)。

7. 车刀刀头一般由三面、____________________、_____________________组成。

8. 直头外圆车刀的主要角度有前角、________、________、________、________。

9. 在砂轮机上进行手工刃磨，首先要选择合适的砂轮类型。刃磨高速钢车刀应选用__________砂轮，刃磨硬质合金车刀应选用_____________砂轮。

10. 在车床上加工不规则形状的复杂零件时，常采用_________和弯板来进行装夹。

二、判断题(正确的填入“√”，错误的填入“×”)

(　)1. 机床转速加快时，刀具进给量不变化。

(　)2. 由于高速钢车刀的热硬性比硬质合金车刀差，因此在使用高速钢车削时，选择的切削用量应比使用硬质合金车刀小。

(　)3. 高速钢车刀可用于高速车削。

(　)4. 检验螺纹的量具主要有螺纹通规和螺纹止规两种。

(　)5. 滚花是用滚花刀来挤压工件，使其表面产生弹性变形而形成花纹。

(　)★6. 中心孔按形状和作用可分为四种，即 A 型、B 型、C 型和 D 型。

(　)★7. 车螺纹时，当 $P_{丝}/P$=整数倍时，每次车到位置之后，可打开"对开螺母"，纵向摇回刀架，不会乱扣。

(　)★8. 所谓切削速度实质上也可以说是切削变形的速度，它的高低影响着切削变形的大小，而且直接决定着切削热的多少。

(　)★9. 进给箱又称拖板箱，通过其传动，可使光杠的转动变为溜板箱纵向或中滑板横向进给运动和快速移动。

(　)★10. 在粗车时，一般加工余量比较大，希望能加工得快些，因此首先考虑的是进给量大些。

三、选择题

1. 车削加工时，如需变换主轴转速应(　　)。

A. 先停车，再变速　　B. 工件旋转时直接变速

C. 点动开关变速　　D. 先减速，再变速

2. 在普通车床上主要加工(　　)。

A. 带凸凹表面的零件　　B. 盘、轴、套类回转零件

C. 平面零件　　D. 任意表面

3. 精车时，切削用量的选择应首先考虑(　　)。

A. 切削速度　　B. 切削深度

C. 进给量　　D. 切削力

4. 普通车床车端面时，车刀从工件表面向中心连续走刀，其切削速度是(　　)。

A. 不变的　　B. 逐渐增加的

C. 逐渐减小的　　D. 可以随主轴转速变化

5. 切断时，防止振动的方法是(　　)。

A. 减少进给量　　B. 提高切削速度

C. 增大车刀前角　　D. 增加刀头宽度

四、问答题

1. 简述安装车刀时的注意事项。

2．在表 6-1 中写出图 6-1 所示普通卧式车床的主要组成部分。

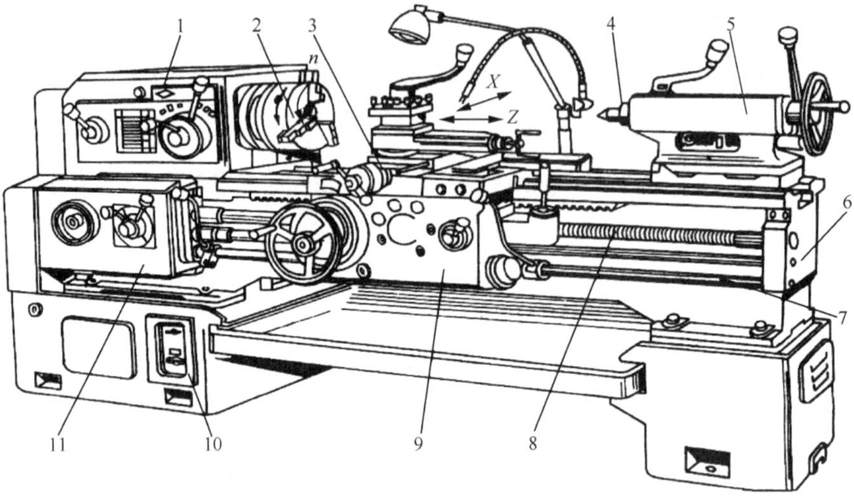

图 6-1　卧式车床

表 6-1　车床主要组成部分

序号	主要组成部分	序号	主要组成部分
1		7	
2		8	
3		9	
4		10	
5		11	
6			

★3．写出车削三要素的定义。

★4．车削试切的目的是什么？写出其方法和步骤。

成绩		评阅人		年　月　日

第 7 单元　铣削加工

一、填空题

1．铣床能加工的表面主要有____等。

2．X6132 型万能铣床，其工作台面宽度为______________________________。

3．若铣刀的锥度与主轴锥度不同，则需利用_____________将铣刀装入主轴锥孔中。

4．铣削过程中，工件作________________运动，铣刀作__________________。

5．铣削进给量具体的表示方式有_____________________________________。

6．铣削时的铣削用量由___________________________________等诸要素组成。

7．铣削平面时，铣削方式有____。

8．顺铣时由于___________________________，会造成工作台“窜动”，甚至造成“打刀”。

9．常用的铣床附件有____。

10．在铣床上铣斜面的方法有_______________________________________。

二、问答题

1．画简图并解释顺铣和逆铣，简述铣削加工的特点。

2．标出图 7-1 中万能铣床各部分的名称及作用。

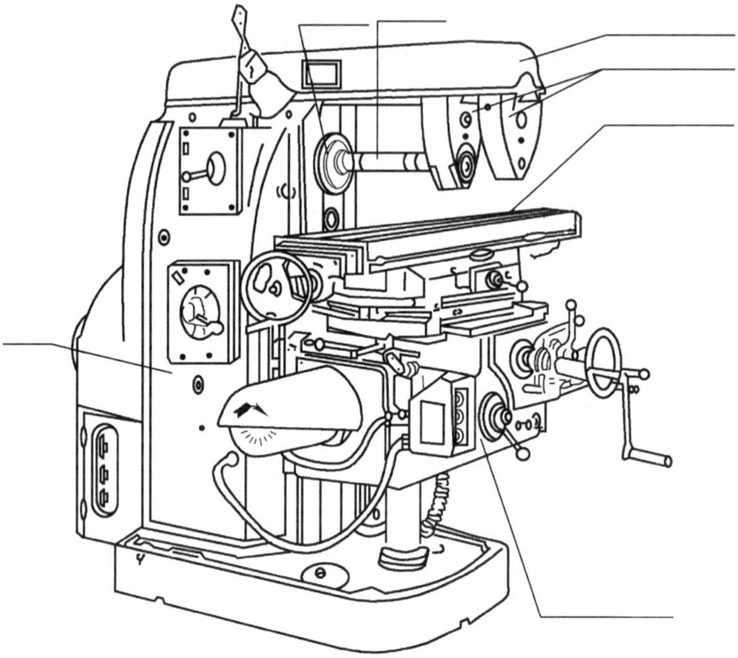

图 7-1　万能铣床

★3．区分图 7-2 中各带柄铣刀及其基本的应用场合。

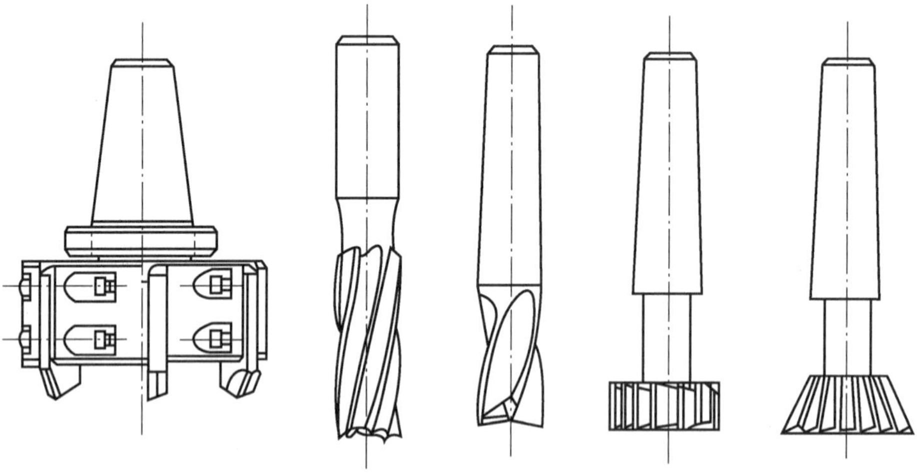

(1)　(2)　(3)　(4)　(5)

图 7-2　带柄铣刀

★4. 铣床有哪些常用附件？叙述铣床上工件的安装方法。怎样把工件圆周作 25 等分？

成绩		评阅人		年　月　日

第 8 单元　钳工

一、填空题

1．钳工的基本操作主要有______、______、______、______、______、______、______、______、______、______、______、______、______、______、______和______。

2．划线分__________和__________两种。选择基准时尽量保持与__________一致。一般选择__________为划线基准，若工件上有加工过的平面，则应以__________为划线基准。

3．锯条一般由______________________________制成。锯条按照齿距大小分为__________、__________和__________。锯削硬材料、薄板时选____齿锯条，锯削普通钢、铸铁时选____齿锯条。安装锯条时要保证齿尖方向________。

4．锉刀常用_______________并经热处理_________________制成。修光工件表面选用___________，锉削铜时选用___________。

5．锪钻按切削部分形状分为_____________、_____________和_____________三种。

二、选择题

1．根据零件图确定划线基准时，应选图纸中(　　)。

A. 工件上面积最大平面　　B. 最大尺寸端所在平面

C. 工件上任意孔的中心线　　D. 尺寸标注的基准平面或线

2．划圆、划圆弧和等分线段的划线工具为(　　)。

A. 划针　　B. 划规　　C. 划针盘　　D. 划卡

3．锉削时，锉刀用力应在(　　)。

A. 推锉时　　B. 拉回锉刀时

C. 推锉和拉回锉刀时　　D. 推锉时两手变化用力

4．锯条安装过紧或过松，用力过大，锯条易发生(　　)。

A. 崩齿　　B. 折断　　C. 磨损过快　　D. 卡住

5．钻孔时，孔径扩大的原因是(　　)。

A. 钻削速度太快　　B. 钻头后角太大

C. 进给量太大　　D. 钻头两条主切削刃长度不等

6．攻螺纹时，每正转一圈要倒退1/4圈的目的是(　　)。

A. 减少摩擦　　B. 减少切削力

C. 便于断削　　D. 提高螺纹精度

7．手动丝锥中，头锥和二锥的主要区别是(　　)。

A. 头锥的锥角较小　　B. 头锥的不完整齿数较多

C. 头锥的切削部分较长　　D. 头锥比二锥容易折断

三、**判断题**(正确的填入"√"，错误的填入"×")

(　)1．为使划出的线条清晰，划针应在工件上反复多次划动，直至划清。

(　)2．锯切时，一般手锯往复长度不应小于锯条长度的2/3。

(　)3．锉削外圆弧面时，锉刀在向前推进的同时，还应绕工件圆弧中心摆动。

(　)4．工件毛坯是铸件或锻件，可用粗锉直接锉削。

(　)5．使用铰刀对已扩的孔进行加工称为铰孔。

(　)6．手工铰孔时，只准顺时针方向转动，不能倒转。

(　)7．装拆钻头时，可用扳手、手锤等工具松紧钻夹头。

(　)8．攻盲孔螺纹时，除了切削金属外，还有对金属的挤压作用，钻孔孔径应等于螺纹内径。

四、问答题

1. 划线的作用是什么？常用的划线工具有哪些？

2. 锉削平面时，产生中凸的原因是什么？如何防止？

3．在钢件上加工下列螺纹，请将底孔直径填入表 8-1 中。

表 8-1　螺纹参数表

螺纹规格	螺距	螺纹底孔直径 D_0
M6	$P=1$	
M10	$P=1.5$	
M14	$P=2$	

注：螺纹底孔直径 D_0=螺纹大径 D－螺距 P。

★4．用简洁的语言叙述钻孔的操作方法。

★5．用简洁的语言归纳攻螺纹的工作要点。

成绩		评阅人		年　月　日

第 9 单元　数控车削加工

一、填空题

1. 与机床主轴重合或平行的刀具运动坐标轴为__________轴，在水平方向垂直于机床主轴的坐标轴为_____________轴。

2. 编程前先要确定工件原点，一般零件，原点应设在_________________。

3. 数控机床的核心装置是____。

4. CNC 的含义是____。

5. 数控车床由____组成。

6. 数控编程的方法一般分为_______________和_______________两种。

二、选择题

1. 车削时，车刀的纵向移动或横向移动是(　　)。

A. 主运动　　B. 进给运动　　C. 切削运动　　D. 都不是

2. 在右手笛卡儿坐标系中，中指表示(　　)。

A. *X* 轴的正方向　　B. *Y* 轴的正方向

C. *Z* 轴的正方向　　D. 坐标原点

3. 准备功能指令代码为(　　)。

A. G 代码　　B. M 代码　　C. S 代码　　D. T 代码

4. 数控机床进给速度指令的常用单位为(　　)。

A. m/min　　B. mm/s　　C. m/r　　D. mm/min 或 mm/r

5. 编程指令中，用于刀具按顺时针方向进行圆弧插补的指令是(　　)。

A. G01　　B. G02　　C. G03　　D. 都不是

6. 数控机床在确定坐标系时，考虑刀具与工件之间运动关系，采用(　　)原则。

A. 假设工件静止，刀具运动

B. 假设刀具静止，工件运动

C. 看具体情况而定

三、问答题

1．试述 G00、G01、G02、G03 指令的意义。

2．试述数控车床的加工范围。

★3．试述数控车床的分类。

★4．固定循环指令有什么作用？

四、综合题

编制如图 9-1 所示零件的加工程序，材料为铝合金，棒料直径为 40mm。

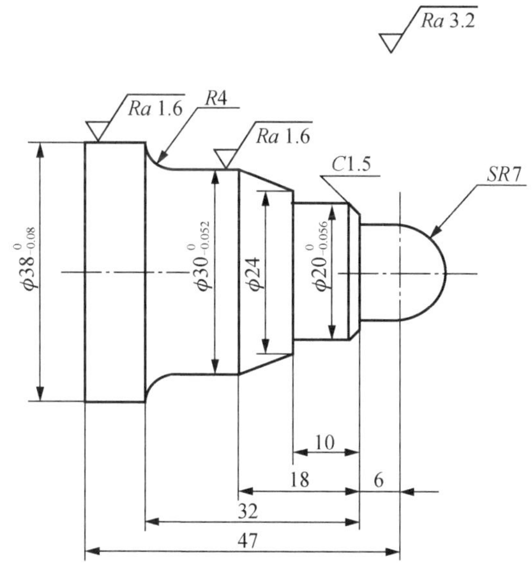

图 9-1　零件图

成绩		评阅人		年　月　日

第 10 单元　数控铣削加工

一、填空题

1．在右手笛卡儿坐标系中，食指表示________________________________。

2．各点均以坐标原点为基准来表示坐标位置的是________________坐标方式。

3．准备功能指令代码为____代码。

4．一个完整的数控程序要由____________________________________组成。

5．一个程序段中指令的字母数字编排顺序一般为________________________。

6．________________________________的代码，只在它所在的程序段有效。

7．G17 的功能是____。

8．G54～G59 的功能是____。

9．M03 的功能是____。

二、问答题

1．机床坐标系与工件坐标系的概念各是什么？

2．确定走刀路线的一般原则是什么？

三、综合题

★1. 在立式数控铣床上加工如图 10-1 所示槽型板零件轮廓外形，写出数控加工程序单。分析如图 10-1 所示零件，工件大小为 120mm×100mm×30mm，两个相对的半圆沟槽，其中心距为 60mm，工件材料为 45 钢，选用直径为 $\phi12$ 的平底刀，分别用于粗、精加工，转速为 800r/min，进给量 100mm/min。

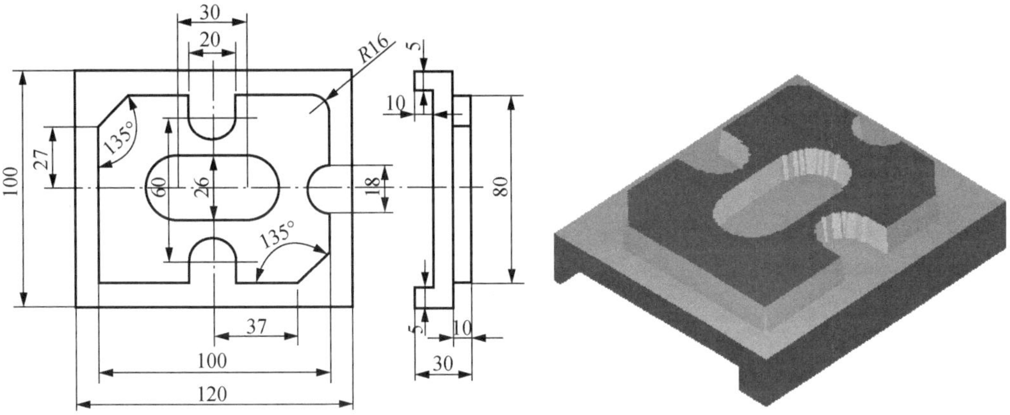

图 10-1　槽型板零件轮廓与仿真加工图

★2．在立式数控铣床上加工如图 10-2 所示零件，写出数控加工程序单。工件大小为 80mm×70mm×20mm，工件材料为代木，选用雕刻刀进行加工，深度为 0.2mm，转速 800r/min，进给量为 800mm/min。

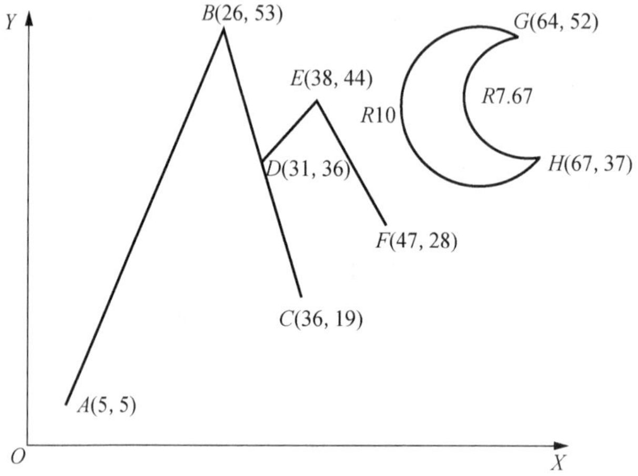

图 10-2　手工编程图

成绩		评阅人		年　月　日

第 11 单元　电火花加工

一、填空题

1．电火花线切割是利用移动的__________，按预定的轨迹进行切割。

2．电极丝的直径决定了__________和__________、最大切割速度一般都是用较粗的电极丝实现。

3．电火花成型机床由__________、__________、__________、_________、________等组成。

二、判断题(正确的填入“√”，错误的填入“×”)

(　)1．电火花加工可加工任何硬、脆、软、韧和高熔点的材料。

(　)2．现代加工的主要特点之一是“以柔克刚”。

(　)3．现代加工中，工具与工件间不存在明显的机械切削力，切削物理现象不显著。

三、问答题

1．什么是电火花加工?

2．简述线切割加工的特点及其应用范围。

四、综合题

★1. 电火花加工有哪些种类？与传统加工工艺相比电火花加工有何特点？

★2. 分析如图 11-1 所示的梯形圆弧台零件，按 3B 代码格式编写该零件的线切割加工程序。

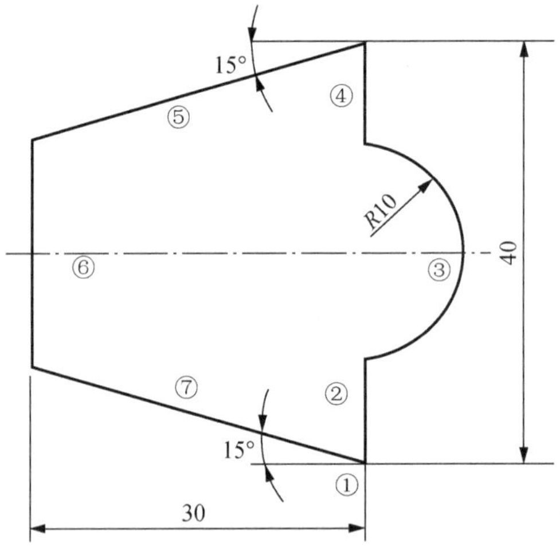

图 11-1　梯形圆弧台零件

成绩		评阅人		年　月　日

第 12 单元　激光加工

一、填空题

1．激光是__________辐射得到的加强光，产生激光束的器件称为__________。

2．激光主要有四大特性_________、高方向性、高单色性和__________。

3．____________是指用来实现粒子数反转并产生光的受激辐射放大作用的物质体系。

4．____________是指为使激光工作物质实现并维持粒子数反转而提供能量来源的机构或装置。

5．____________通常是由具有一定几何形状和光学反射特性的两块反射镜按特定的方式组合而成。

6．光纤激光打标机是采用____________集成的激光打标系统。

7．非金属激光加工基本设备包括________、电源、光学系统和机械系统四大部分。

8．非金属激光切割机所用的是__________激光器，主要包括放电管、谐振腔、冷却系统和激励电源等部分。

9．非金属激光切割机光学系统包括____________系统和观察瞄准系统。

10．__________主要在水晶、玻璃等透明材料内雕刻平面或三维立体图案。

二、**判断题**（正确的填入“√”，错误的填入“×”）

(　)1．激光焊接是利用激光束“轰击”焊件所产生的热量进行焊接的一种熔焊方法。

(　)2．激光能透过玻璃切割和焊接。

(　)3．激光不可以在金刚石等超硬材料上加工微型小孔。

(　)4．激光打标机不可以在油漆或油墨的表面标刻 logo。

(　)5．非金属激光切割就是将激光束照射到非金属材料表面时释放的能量来使工件融化并蒸发，以达到切割和雕刻的目的。

(　)6．激光切割加工是一种热切割方法。

(　)7．激光表面打孔处理是通过对金属制品表面的强化，可以显著提高材料的硬度、强度、耐磨性、耐蚀性和高温性能等。

(　)8．光纤激光器是指用掺稀土元素玻璃光纤作为增益介质的激光器。

(　)9．激光内雕的原理是利用光的干涉现象。

三、问答题

1．简述激光加工的机制原理。

2．简述激光的四大特性。

成绩		评阅人		年　月　日

第 13 单元　逆向工程与 3D 打印技术

一、填空题

1. 逆向工程包含________________、________________、______________三大关键技术。

2. _____________________是逆向工程的第一步重要阶段，也是后续工作的基础。

3. 目前主流应用的逆向工程软件有______________、_______________、______________和_____________。

4. 3D 打印技术是在计算机控制下，基于_______________的原理采用不同方法堆积材料，最终完成__________________的技术。

5. FDM 3D 打印机使用的材料一般是________________材料，如蜡、ABS、PLA、尼龙等。

二、问答题

1. 逆向工程一般可以分为哪几个步骤？

2. 3D 打印技术的原理是什么？

3. 点云数据的预处理包括哪几个方面？

成绩		评阅人		年　　月　　日

第 14 单元　柔性制造系统

1．什么是 FMS？分析 FMS 与 FMC 二者的关系。

2．简述 FMS 的特点。

3．简述 FMS 的组成与功能。

4．简述 FMS 的应用情况。

成绩		评阅人		年　月　日

第 15 单元　现代制造技术

一、填空题

1．加工中心是带有________和________的一种高度自动化的多功能数控机床。

2．加工中心由______________、________、________、______等部分组成。

3．加工中心常见的刀库类型有__________、_____________、___________等。

4．雕铣机是用于完成_________________或________________的加工设备。

5．加工中心的主轴转速最高达到_______________r/min，雕铣机的主轴转速最高达到_____________________r/min。

二、问答题

1．为什么采用车铣复合加工中心？其突出的优势有哪些？

2．在实习项目车间使用的加工中心与雕铣机的相同之处与区别有哪些？

成绩		评阅人		年　月　日

第 16 单元　精密检测

一、问答题

1．一个完整的测量过程应该包括哪几个组成部分？

2．举例说明直接测量和间接测量、绝对测量和相对测量、接触测量和非接触测量。

3．三坐标测量机主要由哪几部分组成？

二、综合题

1．用外径千分尺测量图 16-1 中零件所有带编号的外径尺寸。

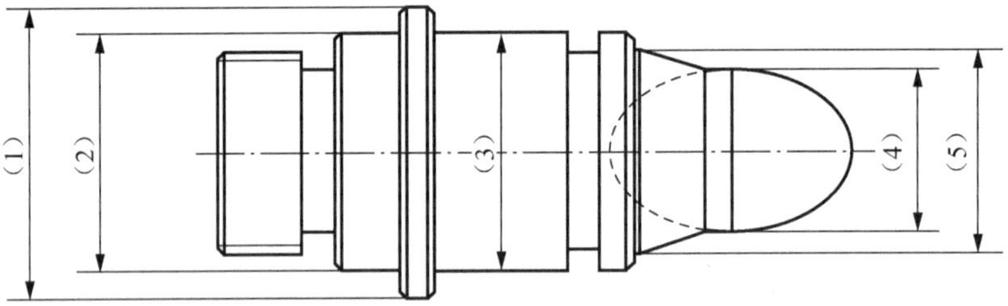

图 16-1　零件图

(1)____________________；(2)____________________；(3)____________________；

(4)____________________；(5)____________________。

2．用内径百分表测量图 16-2 零件中所有带编号的内径尺寸。

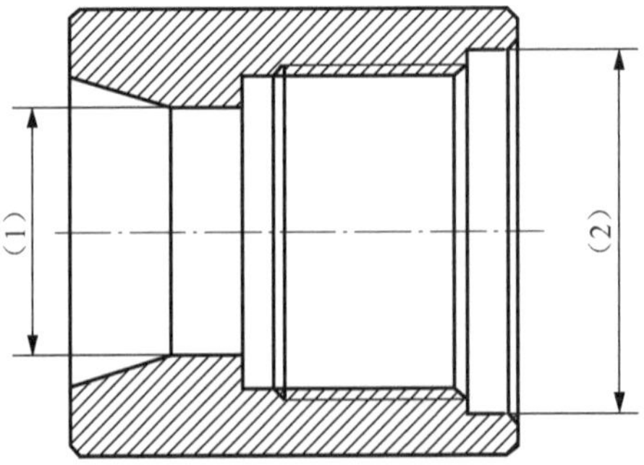

图 16-2　零件图

(1)____________________；(2)____________________。

成绩		评阅人		年　月　日

第 17 单元　塑料成型

一、填空题

1．根据塑料的理化特性，塑料分为____________________和____________________。

2. 常用的通用塑料有____________、____________、___________、____________和__________等五大品种。

3．常用工程塑料有______、______、______、_______、______、______、_____等。

4．常用热固性塑料有_________________、________________、_________________等。

5．按机型外表特征注塑机可分为__________、__________、________和_______等几种。

二、问答题

1．简述注塑模具是如何在注塑机上安装的。当模具高度不合适时如何调整设备？

2．注塑模一般由哪儿部分组成？简述其作用。

成绩		评阅人		年　月　日

第 18 单元　陶艺

一、填空题

1. 陶艺是以___________、___________、___________作为载体，表达作者思想观念及内心情感的一种艺术形式。

2. 陶瓷艺术以时间分类，可分为___________和___________。

3. 陶艺制作常用泥料为__________和__________。

4. 印坯成型使用的石膏模具可以很快将泥料里面的水分吸收，使泥料___________、___________而__________。

5. 釉色装饰是陶艺制作中重要的一步。常用的施釉方法有__________、__________、___________、___________和___________。

6. 陶艺烧成最常用的窑炉是__________和__________。

7. 常用的坯体装饰手法有___________、___________、__________和___________。

二、判断题(正确的填入“√”，错误的填入“×”)

(　)1. 陶艺制作的泥料不仅具有捏塑性，而且还可以根据需求制作各种造型。

(　)2. 淄博盛产的陶瓷泥料是瓷泥。

(　)3. 在泥条盘筑过程中，泥条之间的连接是其制作的技术关键。

(　)4. 陶艺的烧制温度为 800℃。

(　)5. 龙山黑陶的坯体装饰手法为印压。

(　)6. 泥坯在半湿未干的情况下，可以利用自身的可塑性进行坯体装饰。

(　)7. 用锋利的刀具把坯体刻透镂空的方式来表现图案的方法是镂空。

(　)8. 烧成是陶艺制作最后一道工序。

(　)9. 制作盘碗瓶罐等圆形器皿最适合用泥板粘接。

(　)10. 捏塑成型是陶艺制作最基本的成型方法。

三、问答题

1．简述五种最基本的陶艺成型方法。

2．简述陶泥和瓷泥主要成分、特点和用途。

3．简述拉坯成型的制作步骤。

成绩		评阅人		年　月　日

第 19 单元　机电产品装配

1. 什么是装配？举例说明什么是合件？

2. 简述微型计算机的组成。

3. 微机硬件拆装的准备工作有哪些？

4. 试述普通自行车组成零件的大致分类，列举三个以上主要部件。

5. 试述自行车补胎的步骤。

成绩		评阅人		年　月　日

第 20 单元　实习总结

（从实习要求、认识、体会、收获、建议等方面论述，要求 300～500 字）

参 考 文 献

崔明铎，2008. 机械制造基础练习册. 北京：清华大学出版社

刘亚文，2008. 机械制造实习. 南京：南京大学出版社

刘永平，2010. 机械工程实践与创新. 北京：清华大学出版社

刘元义，2011a. 机械工程训练. 北京：清华大学出版社

刘元义，2011b. 机械工程训练练习册. 北京：清华大学出版社

刘元义，2014. 塑料模具设计. 北京：清华大学出版社

刘元义，2016. 工程训练. 北京：科学出版社

舒敬萍，尹光明，2010. 机械制造工程实训报告. 北京：清华大学出版社

谭逢友，张罡，2010. 工程训练简明教程. 北京：清华大学出版社

郗安民，2009. 金工实习. 北京：清华大学出版社

于文强，杨媛媛，2010. 金工实习教程. 2 版. 北京：清华大学出版社

赵仕俊，2007. 机械制造工程技术基础. 东营：中国石油大学出版社

朱华炳，田杰，2014. 制造技术工程训练. 北京：机械工业出版社